Sitzungsberichte
der Akademie der Wissenschaften
der DDR
Mathematik – Naturwissenschaften – Technik

7N

1976

Franz-Heinrich Lange

Mathematik und Ingenieurwissenschaften

AKADEMIE-VERLAG · BERLIN

Sitzungsberichte
der Akademie der Wissenschaften
der DDR
Mathematik — Naturwissenschaften — Technik

Jahrgang 1976 · Nr. 7/N

Franz-Heinrich Lange

Mathematik und Ingenieurwissenschaften

AKADEMIE-VERLAG · BERLIN
1976

Vortrag von Franz-Heinrich Lange,
Korrespondierendes Mitglied der
Akademie der Wissenschaften der DDR,
gehalten vor dem Plenum der AdW am 16. 10. 1975.

Herausgegeben im Auftrage
des Präsidenten der Akademie
der Wissenschaften der DDR
von Vizepräsident Prof. Dr. Heinrich Scheel

Erschienen im Akademie-Verlag, 108 Berlin, Leipziger Straße 3—4

Lizenznummer: 202 · 100/173/76
Gesamtherstellung: VEB Druckhaus Köthen
Bestellnummer: 753 159 7 (2010/76/7/N) · LSV 1075
Printed in GDR
DDR 3,— M

Inhalt

1. Zur Forderung einer erhöhten Praxiswirksamkeit der Mathematik

Der VIII. Parteitag hat die Aufgabe gestellt, die dem Sozialismus eigenen Formen der Verbindung von Wissenschaft und Produktion zu finden, um die Vorzüge des Sozialismus bei der Meisterung der wissenschaftlich-technischen Revolution voll nutzen zu können.

Heute sollen hier die Wechselbeziehungen zwischen der Mathematik und den technischen Wissenschaften betrachtet werden. Dabei geht es um die Forderung einer erhöhten Praxiswirksamkeit der Mathematik. Über diese Frage fand bereits im November 1974 an der Humboldt-Universität in Berlin eine Arbeitskonferenz statt. Die Thesen dieser Konferenz liegen bei (Anlage 1). Einige Hauptvorträge, u. a. die der Herren Budach, Bunke und Engel wurden vor kurzem veröffentlicht und enthalten viele interessante Hinweise [1].

Doch nun zu unserem Thema:

Wie Abb. 1 zeigt, gibt es zwei verschiedene Wege von der Mathematik zur Technik.

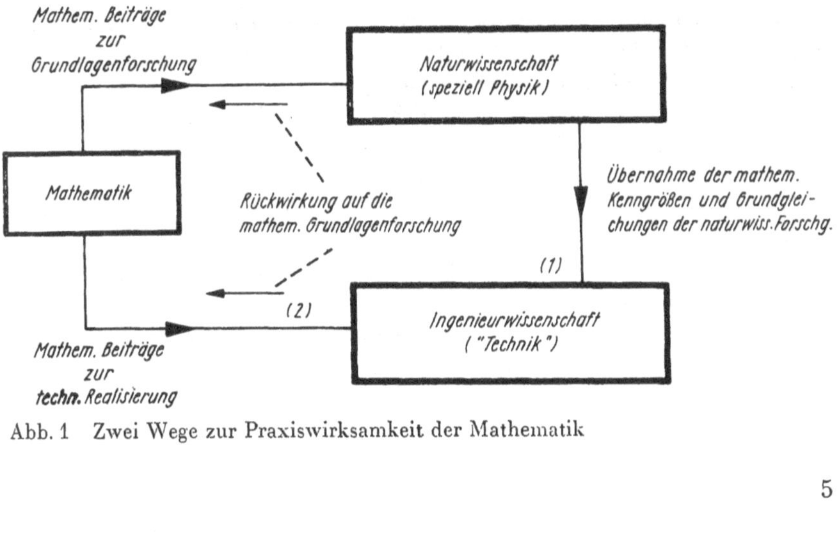

Abb. 1 Zwei Wege zur Praxiswirksamkeit der Mathematik

Der eine Weg führt über die Physik als Naturwissenschaft. Im Rahmen der physikalischen Grundlagenforschung werden die Naturgesetze in mathematische Form gebracht. So entstanden z. B. die Grundgleichungen der Aerodynamik, der Thermodynamik und der Elektrodynamik.

Aus dieser Sicht betrachtet ist die Technik nichts anderes als eine angewandte Physik zwecks Erfüllung von gesellschaftlichen Aufgaben. Die Physik wirkt so unmittelbar und unumstritten als Produktivkraft, die Mathematik wirkt dabei mittelbar mit. Aber die Ingenieurwissenschaft ist nicht nur angewandte Physik, ein Unterschied, der im Sprachgebrauch fest verankert ist! So unterscheidet man z. B. die Kernphysik von der Kerntechnik. In der Technik spielen meist zahlreiche physikalische Disziplinen gleichzeitig eine Rolle, so der Maschinenbau, die Elektrotechnik, Werkstofftechnik, Thermodynamik u. a., beim Bau eines Kernkraftwerkes!

Es genügen in der Technik nicht die physikalischen Grundgleichungen als mathematische Basis, sondern es kommen eine Fülle weiterer theoretischer Hilfsmittel zum Einsatz, und diese liefert die Mathematik. Sie hilft beim Aufbau und bei der Optimierung eines technischen Gerätes, das nachfolgend zunächst verallgemeinert als „System" bezeichnet werden wird (vgl. Abschnitt 4.1.). Es treten viele Probleme auf, zu denen der reine Grundlagenforscher sagt: „Dies ist schon Technik!" Es ist schwierig, einen Trennstrich zwischen der Physik und der Ingenieurwissenschaft zu ziehen. Deswegen sollen diese Wechselbeziehungen — ungeachtet ihrer großen Bedeutung — hier ausgeklammert werden! Es soll die engere Zusammenarbeit zwischen der Mathematik und der Ingenieurwissenschaft betrachtet werden und der eigenständige Beitrag, den die Mathematik zur Erhöhung der Produktivität bringen kann.

Dieser zweite Weg führt unmittelbar von der Mathematik zu den technischen Wissenschaften. Er wird bei der technischen Realisierung beschritten. Beispiele sind für die Aerodynamik die Berechnung eines Tragflügels eines Flugzeuges oder für die Elektrodynamik die Berechnung einer Hohlrohrleitung für Höchstfrequenzen zur Übertragung von Nachrichten. Eine sehr enge Zusammenarbeit von Mathematik und Technik erfolgt beim Computereinsatz in den modernen Disziplinen der Kybernetik, Systemtheorie, Optimierungstheorie u. a.

Hier handelt es sich um folgendes Grundproblem, das nachfolgend ausführlich betrachtet werden soll:

Die Mathematik hat in jahrhundertelanger Vorarbeit einen großen Vorrat an Grundlagenwissen geschaffen. Doch es wird davon nur ein geringer Bruchteil für die Ingenieurpraxis ausgenutzt. Doch wäre ohne diese Vorarbeit kaum eine physikalische oder technische Disziplin leistungsfähig. Die Mathematik stellt zweifellos eine wertvolle Produktivkraft dar, direkt und indirekt. Die zahlreichen Rechenzentren für Forschung und Entwicklung bestätigen dies.

Aber es geht um den Ausnutzungsgrad des mathematischen Fachwissens für die Praxis.

Wie kann die Mathematik noch wirksamer werden? Wie kann der große Abstand der heutigen mathematischen Grundlagenforschung von der praktischen Anwendung verringert werden?

Dies ist nur erreichbar durch eine Verbesserung der Zusammenarbeit zwischen der Mathematik und den technischen Wissenschaften!

Zwei Fragen müssen beantwortet werden:

1. Wer ist verantwortlich für die Erhöhung der Praxiswirksamkeit der Mathematik?
2. Welche Methoden und Maßnahmen erscheinen dazu geeignet?

Zur Klärung dieser aufgeworfenen Fragen soll die Denk- und die Arbeitsweise der beteiligten Kooperationspartner betrachtet werden!

2. Die drei Kooperationspartner

Die Kooperationspartner gehören drei verschiedenen Gruppen an:

Gruppe 1: die reinen Mathematiker.

Gruppe 2: die Theoretiker der Ingenieurwissenschaften, auch als mathematische Physiker oder als angewandte Mathematiker bezeichnet.

Gruppe 3: die Praktiker der Ingenieurwissenschaften.

Diese Dreiteilung stammt vom verstorbenen sowjetischen Regelungstheoretiker A. Letov. Er veröffentlichte 1964 einen interessanten Aufsatz über die Frage:

„Wohin geht die Theorie, wo bleibt die Praxis?“ [2]

2.1. Die reinen Mathematiker

Den Standpunkt der Klasse Mathematik hat OM Karl Schröter sehr klar festgelegt [3]. Er schrieb:

„Seit etwa 1800 lockerte sich die enge Verbindung von Mathematik und Physik. Dies war vor allem durch folgende Tatsache bedingt. Bei der Begründung der Analysis ergaben sich, wie bekannt, große Schwierigkeiten, die dazu führten, daß in vielen Fällen Antinomien auftraten. Es ist bekannt, daß selbst in den Arbeiten der hervorragendsten Mathematikern jener Zeit, z. B. auch bei Euler, sich direkt Fehler nachweisen lassen. Es erwies sich deshalb als notwendig, daß die Mathematiker ihr Augenmerk verstärkt auf Fragen eines korrekten Aufbaus ihrer Theorie wenden mußten! Diese Neubegründung der Mathematik wurde im 19. Jahrhundert in Angriff genommen und durchgeführt. Zwar wurden in der 2. Hälfte des 19. Jahrhunderts und auch im 20. Jahrhundert immer wieder durchschlagende Erfolge bei der Anwendung mathematischer Methoden in der Physik erzielt. Es sei hingewiesen auf die mathematische Erfassung der Erscheinungen des elektromagnetischen Feldes, auf die Bedeutung der Riemannschen Geometrie für die allgemeine Relativitätstheorie, auf die Anwendung der Gruppentheorie in der Quantenphysik usw." ... „Trotzdem liegen die eigentlichen Leistungen der Mathematiker des 19. Jahrhunderts und auch des 20. Jahrhunderts auf innermathematischem Gebiet. Sie führten zu einem Aufbau der Mathematik, die frei war von allen Antinomien, die die weitere Entwicklung bisher gehemmt hatten. Sie gipfelten in dem eigenständigen Aufbau der Mathematik, wie er von dem hervorragenden Mitglied unserer Akademie, Karl Weierstrass, durchgeführt wurde. Auf dieser einwandfreien Grundlage entstanden dann alle modernen mathematischen Theorien, die zu einer stürmischen Entwicklung der Mathematik führten. Hierbei war eine Arbeitsteilung unvermeidlich, die zur intensiven Entwicklung einer sogenannten ‚reinen' Mathematik führte, die zunächst von Anwendungen losgelöst war."

K. Schröter zeigte dann, wie die Entwicklung weitergegangen ist: die Rückführung aller mathematischen Theorien auf die Theorie der Relationen. Unten wird gezeigt werden, daß diese Entwicklung zugleich einen Anknüpfungspunkt an die Systemtheorie der Technik bietet.

Lassen wir zur Frage der reinen Mathematik auch A. Letov zu Worte kommen. Er schilderte die Arbeitsweise des reinen Mathematikers wie folgt [2]:

„Beim Studium einer Erscheinung fangen die Mathematiker an, diese Erscheinung zu schematisieren und bemühen sich, ein reines, abstraktes Modell zu entwerfen. Dieses Modell soll dann eine ganze Klasse von Erscheinungen umfassen, die irgendwie einander ähnlich sind, aber mit dem speziellen untersuchten Fall übereinstimmen. Sie halten es für ihre Pflicht, bei dieser Abstraktion die größte Klarheit, Ausdrucksfähigkeit und Allgemeingültigkeit zu erreichen.

Wir dürfen aber diesen Mathematikern keine Vorwürfe wegen irgendeines Idealismus oder wegen des absichtlichen Bestrebens, sich von der Praxis zu lösen, machen. Sie bahnen einen Weg in die Zukunft. Wir müssen im Gegenteil verstehen, daß die Methode, die sie anwenden, zwingend notwendig ist. Die reinen Mathematiker streben nicht so sehr danach, die konkreten Erscheinungen zu erkennen, als vielmehr danach, ihre Allgemeingültigkeit und Gesetzmäßigkeit aufzudecken. Sie handeln so nicht wegen einer Laune oder wegen des Hanges zur Abstraktion, sondern weil es keinen anderen Weg zur Erkenntnis der Allgemeingültigkeit und der Gesetzmäßigkeit der Erscheinungen gibt.

Zur weiteren Erforschung des geschaffenen Modells wird ein adäquater mathematischer Apparat entwickelt. Wenn die Untersuchungen beendet und die Folgerungen daraus formuliert sind, hält der reine Mathematiker seine Arbeit für beendet. Er veröffentlicht seine Ergebnisse und wendet sich neuen Problemen zu.“ Soweit A. LETOV!

Zusammenfassend ist festzustellen, daß die Weiterentwicklung der reinen Mathematik losgelöst von den praktischen Anwendungen erfolgt. Würden unsere Mathematiker anders verfahren, so könnten sie nicht mit der internationalen Entwicklung Schritt halten.

Trotzdem kann die reine Mathematik auch in Zukunft so wie in den vergangenen Jahrhunderten wesentliche Beiträge zur Weiterentwicklung der Physik und Technik liefern.

Dies gilt freilich unter dem Vorbehalt, den OM K. SCHRÖTER in seinem Vortrag auf dem Akademie-Jubiläum am 9. Juli 1975 formulierte, daß die Mathematik eine selbständige Wissenschaft ist und keine Hilfswissenschaft! [4]

Die gesuchte Antwort auf die Frage, wie die Umsetzung der reinen Mathematik auf die Praxis erfolgen kann, ergibt sich bei der Betrachtung der 2. Gruppe der Kooperationspartner:

2.2. Die Theoretiker der Ingenieurwissenschaften

Die 2. Gruppe ist eine Mischgruppe, die sich aus Vertretern der Mathematik, der Naturwissenschaften, speziell der Physik und aus theoretisch versierten Ingenieuren zusammensetzt. Sie bearbeiten konkret die Theorie der jeweiligen Ingenieurwissenschaft. LETOV schreibt hierzu [2]:

„Die 2. Gruppe bilden die Spezialisten für mathematische Physik oder Fachleute, die man am besten angewandte Mathematiker nennen könnte. Das ist eine sehr große Gruppe von Wissenschaftlern, die konkrete Erscheinungen, wo man sie nur antrifft, z. B. in der Physik, Chemie, Aerodynamik, Wärmetechnik, Regelungstechnik bis in alle Einzelheiten untersuchen. Sie haben aber nicht den Ehrgeiz, das Fahrrad wieder zu entdecken. Sie sind vielmehr bestrebt, den konkreten Sinn einer Erscheinung in allen Einzelheiten zu studieren und die Wege für ihre Nutzung zu zeigen. Um dieses Ziel zu erreichen, genügt es ihnen oft, eine Möglichkeit zu finden, die gegebenen konkreten physikalischen Erscheinungen mit einem abstrakten, von reinen Mathematikern der Gruppe 1 erschaffenen Modell zu überdecken bzw. zu beschreiben. Dann tritt automatisch der mathematische Apparat in Kraft. Dem Vertreter der Gruppe 2 bleibt dann nur noch übrig, die Ergebnisse der Anwendung dieses mathematischen Apparates physikalisch zu interpretieren und zu sagen, auf welche Weise das Resultat in der Technik und damit überhaupt im Leben ausgenutzt werden kann. Man darf sich jedoch nicht vorstellen, daß dieser schöpferische Prozeß in Wirklichkeit eine so kümmerliche Angelegenheit ist, wie das hier kurz beschrieben wurde. Ein fertiges abstraktes Modell erweist sich oft als ungenügend. Dann nehmen die Vertreter der angewandten Wissenschaften Verbesserungen des Modells vor, die manchmal sehr bedeutsam sind. Ab und zu stellt sich heraus, daß ein fertiges, von der Gruppe 1 entwickeltes Modell in der Wirklichkeit überhaupt nicht existiert. Die Vertreter der angewandten Wissenschaften entwickeln es dann, und zwar oft auf der Grundlage von komplizierten und Scharfsinn erfordernden Experimenten. In solchen Fällen werden in der Wissenschaft und Technik neue Horizonte sichtbar." Soweit LETOV!

Hierzu zur Ergänzung: es tritt oft eine Rückwirkung auf die reine Mathematik auf: Die Anwendung eines mathematischen Kalküls in der Physik oder in der Technik wirkte sich oft fruchtbringend auf die mathematische Grundlagenforschung aus und führte zu ihrem weiteren Ausbau, z. B. hat die Quantenphysik von HEISENBERG zur Erweiterung des Matrizenkalküls auf nicht beschränkte, unendliche Matrizen geführt, um nur ein Beispiel zu erwähnen. Wir werden auf diese Rückwirkung der Physik und Technik auf die reine Mathematik nochmals zurückkommen müssen!

2.3. Die Praktiker der Ingenieurwissenschaften

Die Gruppe 1 und 2 bilden eine geschlossene Gruppe der Theoretiker. Es existiert aber noch eine 3. Gruppe, wahrscheinlich die größte der drei Gruppen. Es sind die Ingenieure, Spezialisten aller Richtungen und Spezialfächern, die sich nicht zum Ziel setzen, irgendwelche allgemeine oder Teilprobleme der Theorie durchzuarbeiten, sondern die lediglich die Ergebnisse der theoretischen Nachforschungen verstehen und realisieren wollen. Hier stoßen sie auf ihre eigenen spezifischen und oft schwierigen Probleme, die sie mit Erfolg lösen, oft eigene Wege einschlagend, und zwar oft ohne Zuhilfenahme einer Theorie.

LETOV schreibt hierzu:

„Es ist nicht richtig zu denken, daß die Ingenieure nur damit beschäftigt sind, Formeln zu suchen, die ihnen helfen, einzigartige Maschinen zu bauen. Die Ingenieure leben vielmehr auch ihr eigenes nicht weniger interessantes und schöpferisches Leben, in dem klar und stark der Puls ihres erfinderischen Geistes schlägt.

Auf unerklärlichen Wegen, die wir mit einem Wort „Intuition" nennen, machen sie große Erfindungen. So wurde das Rad ohne Kenntnis der Mengentheorie erfunden, und die Möglichkeit des Fluges von Körpern, die schwerer als

Luft sind, wurde viel früher entdeckt als die Formel für die Auftriebskraft. In diesen Entdeckungen sind neue wissenschaftliche Probleme enthalten, die ihrerseits auf Klärung und Verallgemeinerung warten. Die Theoretiker kennen diese Probleme nicht."

3. Die Kooperationsaufgabe

3.1. Die Kluft zwischen der Mathematik und der Ingenieurpraxis

Es besteht, wie wir erkennen, die Notwendigkeit einer engen Zusammenarbeit dieser drei Gruppen. Zwischen der reinen Theorie (Gruppe 1) und der reinen Praxis (Gruppe 3) besteht aber eine große Kluft. Die Brücke über diese Kluft muß die Gruppe 2 bilden.

Die Kluft zwischen der Theorie und der Praxis liegt in der unterschiedlichen Denk- und Arbeitsweise begründet.

Hierüber ist schon viel philosophiert worden. So sagt man: „Der Ingenieur geht vom allgemeinen zum speziellen, der Mathematiker vom allgemeinen zum ganz allgemeinen."

Die Ingenieure denken anders als die Mathematiker. Der Ingenieur kann und wird auf die Anschauung und Anwendung niemals verzichten; der Mathematiker sieht dagegen den Verzicht auf Anschauung und Anwendung als ein erstrebenswertes und als ein notwendiges Ziel an. Es ist daher auch für einen Ingenieur sehr schwierig, wenn nicht sogar unmöglich, zu innermathematischen Problemen Stellung zu nehmen. Die Forderung, daß die Ingenieurwissenschaften einen stärkeren Einfluß auf die mathematische Grundlagenforschung nehmen sollen, ist sehr schwierig zu erfüllen. Die Mathematiker sind auch etwas empfindlich gegenüber einer Kritik an ihren Forschungsgegenständen, wenn sie aus der Gruppe 3 von den Praktikern geäußert wird.

Dieses Problem ist aber schon sehr alt. So schrieb Nikolaus Kopernikus, der von 1473 bis 1543 lebte, an den Papst Paul III., dem er sein Werk „De revolutionibus orbium coelestinum (Über die Umdrehungen der Himmelskörper)" widmete, folgende Worte: „Wenn aber vielleicht Schwätzer kommen, die obgleich in allen mathematischen Wissenschaften unwissend, sich dennoch ein Urteil darüber anmaßen und es wagen sollten, dieses mein Werk zu tadeln oder anzugreifen, so mache ich mir nichts aus ihnen, und zwar in solchem Maße nicht, daß ich sogar ihr Urteil als ein dummdreistes verachte!"

Er schließt mit der beachtenswerten Feststellung, die bis heute Gültigkeit hat:

„Mathematische Dinge werden für Mathematiker geschrieben!" Auf der anderen Seite stehen die Praktiker, die manche Dinge anders ansehen. Sie haben zur Tätigkeit mancher Theoretiker doch Recht auf eine Kritik!

Letov hat im zitierten Aufsatz diesen Punkt sehr skeptisch beleuchtet. Er besaß für das Gebiet der Regelungstheorie dazu das notwendige Urteilsvermögen. Er schrieb:

„Ein wesentlicher Teil der Theoretiker ist heute lediglich darum bemüht, feinsinnige Beweise für verschiedene Theoreme von der Art der Existenzbeweise abzuleiten. Man kann die wissenschaftliche Bedeutung dieser Theoreme nicht leugnen.

Aber es wäre ungerecht, die Geduld eines Ingenieurs durch diese Thesen auf die Probe zu stellen, und ihn dann der Trägheit, Routine und Abkehr von der führenden Wissenschaft zu beschuldigen. Für einen Ingenieur bedeutet lediglich die Bestätigung der Existenz einer Lösung zu wenig. Er erwartet von der Theorie effektive Methoden zur Ableitung der Lösungen in analytischer Form.

Aber wenn der Ingenieur solche Methoden in der Theorie nicht findet, sinkt naturgemäß sein Interesse an ihr. Zeitweilig habe ich sogar den Eindruck", so fährt Letov fort, „daß ein solcher andauernder Zustand bei den Ingenieuren den Zorn derart wachsen läßt, daß ihnen der Kragen platzt und ihnen Veranlassung gibt, künstliche Mathematiker zu erfinden, also Maschinen, die fähig sein werden, analytische Ableitungen zu produzieren und Berechnungsformeln in analytischer Form zu liefern." Er meint anschließend: „Das liegt jedoch noch in ferner Zukunft." Die seit 1964 vollzogene Weiterentwicklung der Computertechnik beweist aber die Richtigkeit dieser Prognose. Die Ingenieure sind diesem Ziel schon viel näher gekommen.

Die Kluft zwischen den Theoretikern und den Praktikern wird leider durch subjektive Gründe, durch Vorurteile noch vergrößert. Man begegnet Standpunkten, die man einfach als falsch bezeichnen muß, z. B. sagt mancher Theoretiker: „Sobald die praktische Anwendung beginnt, wird das Problem für mich uninteressant."

Hier muß man entgegnen:

„Erst dann beginnt eine Vielzahl neuer theoretischer Probleme, z. B. die Optimierung der Eigenschaften des Systems."

Auf der anderen Seite hört man den Praktiker sagen:

„Ich interessiere mich erst dann für eine Theorie, wenn ich weiß, wofür ich sie benötige!"

Hiergegen ist zu sagen:

„Wer keine Übersicht über die verfügbaren Theorien, d. h. über das zur Verfügung stehende mathematische Werkzeug hat, der kann sich auch nicht das günstigste Instrument auswählen!"

Dies betrifft die Zusammenarbeit zwischen der Gruppe 2 und 3, den Theoretikern und den Praktikern der Ingenieurwissenschaften. Die Hauptlast der Kooperation trägt die Gruppe 2, deren Arbeit wir nochmals näher betrachten wollen.

3.2. Die Aufgaben der angewandten Mathematik

Die Überbrückung der Kluft zwischen der Mathematik und der Ingenieurpraxis ist Aufgabe der angewandten Mathematik und wird durch die 2. Gruppe, durch die Theoretiker der Ingenieurwissenschaft vorgenommen. Die angewandte Mathematik ist mengentheoretisch ausgedrückt der Durchschnitt von Mathematik und Physik + Technik (Abb. 2).

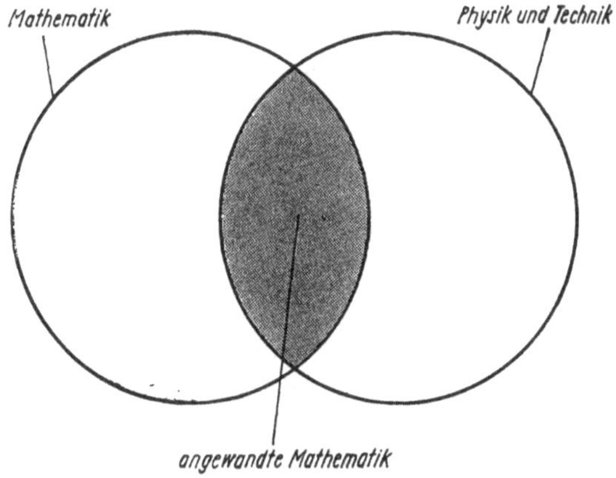

Abb. 2 Zur Definition der angewandten Mathematik

Jeder junge Mathematiker kommt mit der angewandten Mathematik in enge Berührung, sobald er sich in der Berufspraxis den Aufgaben der Praxis zuwendet. Die Mathematik, der er hier begegnet, sieht meist ganz anders aus, als die reine Mathematik, die er auf der Universität gelernt hat. Der Absolvent kann nicht von seinem zukünftigen Werkleiter erwarten, daß dieser ihm zeigt, wie er seine Mathematikkenntnisse praktisch verwenden kann. Diese Vorstellung muß er von der Universität aus selbst mitbringen. Es bedarf stets einer erheblichen Einarbeitungszeit, bis die Umstellung von der reinen Mathematik zur angewandten Mathematik vollzogen ist. Die Übergangszeit dauert um so länger, je abstrakter die Mathematik gelehrt wird.

M. Peschel hat sich eingehend mit diesem Problem beschäftigt [5]. Er stellte fest:

„Bei dem relativ guten Stand der disziplinär orientierten Forschung dürfen wir nicht übersehen, daß in der Hinwendung der Mathematik auf Probleme der Praxis noch empfindliche Lücken klaffen.

Es ist eine alte Erfahrung, an der auch Appelle nichts ändern: Niemand wird hoch entwickelte mathematische Verfahren von sich aus anwenden, wenn nicht die Anwendungsmöglichkeiten und erreichbarer Nutzen an echten Praxisbeispielen demonstriert werden."

Auch auf der Arbeitskonferenz in Berlin wurde unmißverständlich festgestellt: „Das erreichte Niveau der gesellschaftlichen Wirksamkeit der Mathematik kann noch nicht befriedigen."

Diese erhoffte Änderung kann nur durch die angewandte Mathematik kommen!

Hierzu schreibt M. PESCHEL [5]:

„Es ist eine Illusion zu glauben, die Mathematik könne ihren Beitrag zur besseren Beherrschung realer Probleme unmittelbar leisten. Die Umsetzung des mathematischen Grundwissens in die Praxis bedarf einer anderen Wissenschaft und erfordert eine interdisziplinäre Arbeits- und Denkweise. Deshalb ist die Erhöhung der Praxiswirksamkeit sehr eng damit verbunden, wie tief und breit die Durchsetzung interdisziplinärer Arbeits- und Denkweisen gelingt."

Dieser Hinweis ist für das Verständnis des Begriffes „Angewandte Mathematik" wertvoll. Angewandte Mathematik ist eine Tochterwissenschaft der Mathematik und entsteht durch eine Verschmelzung des benötigten mathematischen Grundwissens mit einer technischen oder naturwissenschaftlichen Fachdisziplin. Sie kann daher sehr vielfältige Formen haben und stellt die mathematische Theorie der Fachdisziplin eigenständig dar, meist aber in einer eigenen Fachsprache.

Das Sprachproblem ist eine oft unterschätzte Schwierigkeit jeder interdisziplinären Zusammenarbeit. Es gibt eine ganz unterschiedliche Begriffswelt in der Mathematik einerseits und in der Ingenieurwissenschaft andererseits. Der angewandte Mathematiker muß die Fachsprache der technischen Kooperationspartner mindestens für ein Fachgebiet erlernen und die Begriffe auch inhaltlich verstehen lernen. Dieser Lernprozeß sollte möglichst schon auf der Universität einsetzen. Nur bei einer wechselseitigen Beherrschung der Fachausdrücke und der Begriffe des Kooperationspartners ist die Lösung gemeinsamer Aufgaben möglich. Dies gilt für beide Seiten, für den Mathematiker und für den Ingenieur.

Für die Kooperation zwischen der Mathematik und der Technik ist die mathematische Modellbildung wichtig. Sie ist eine aktuelle Aufgabe der angewandten Mathematik!

PESCHEL hat hierzu folgendes geschrieben:

„Zur Zeit werden Modellbildungsprobleme sowohl von der Mathematik als auch von der Physik, Chemie, Biologie und den Ingenieurwissenschaften bearbeitet. Die Mathematiker bewerkstelligen dies jedoch in stark abstrakter Form, die anderen Fachwissenschaftler jedoch häufig heuristisch, pragmatisch, ohne Zugriff zu hoch entwickelten mathematischen Verfahren. Für eine echte, nutzbringende Zusammenarbeit zwischen dem Mathematiker und dem Ingenieur oder anderen Wissenschaftlern ist es jedoch erforderlich, daß tragfähige mathematische Arbeiten aus den aktuellen Anforderungen abgeleitet werden. Dieser mathematische Apparat zur Modellierung von Vorgängen muß multivalent sein. Andernfalls tritt eine starke Zersplitterung ein und es lassen sich Erfahrungen einer Disziplin noch schwerer auf eine andere Disziplin übertragen.“

4. Der Systembegriff als Bindeglied zwischen der Mathematik und den Ingenieurwissenschaften

4.1. Systemtheorie und Systemtechnik

Die Systemtheorie eignet sich als Bindeglied zwischen der Mathematik und den Ingenieurwissenschaften. Sie liefert eine Abstraktion der sich abspielenden technischen oder physikalischen Prozesse.

Dabei steht der „informatorische Aspekt“ im Vordergrund, während der „physikalische Aspekt“ zeitweise (!) in den Hintergrund gestellt wird. So gelingt es, verschiedenartige technisch physikalische Prozesse mit isomorphem Verhalten durch ein einziges, ihnen zugeordnetes theoretisches Modell zu beschreiben. Diese Methode hat sich in der Regelungstechnik und Informationstechnik bewährt und gestattet die Erfahrungen einer technischen Disziplin auf eine andere zu übertragen. Vorbilder dazu lieferte die klassische mathematische Physik in der Beschreibung von physikalischen Vorgängen durch Differentialgleichungen, und daraus folgend ergab sich eine Klassifizierungsmethode in der Sprache der Mathematik. Norbert Wiener hat mit dem Begriff „Kybernetik“ eine Erweiterung auf biologische Vorgänge vorgenommen.

In diesem Sinne versteht man nach [8] unter einem System „eine Menge von Elementen und eine Menge von Relationen, die zwischen diesen Elementen bestehen. Alle isomorphen Ganzheiten dieser Art werden als ein und dasselbe System betrachtet. Die Menge der Relationen zwischen den Elementen macht die Struktur des Systems aus. Unter dem Gesichtspunkt der Informationstheorie wird die Reichhaltigkeit usw. der Struktur eines Systems durch den Begriff der ‚Organisation‘ erfaßt. Von speziellem Interesse für die Kybernetik sind die dynamischen Systeme. Deren Elemente sind aktive Elemente, d. h., sie erleiden Einflüsse von anderen Elementen bzw. Systemen und üben ihrerseits Einfluß auf andere Elemente aus.

Diese aktiven Elemente (auch funktionale Elemente genannt) sind durch Relationen verknüpft, die den Charakter stofflicher, energetischer oder informatorischer Kopplung haben ..."

Zusammenfassend kann man sagen, daß die Systemtheorie dem bereits oben erwähnten Wunsche des Mathematikers nach Abstraktion und Allgemeingültigkeit nachkommt. Sie ist sehr geeignet, die Theorie der Relationen anzuwenden, die nach K. Schröter die wichtigste Grundlage der modernen Mathematik ist.

Die Systemtheorie ist noch in Entwicklung begriffen. Sie wird vermutlich die begrifflich zu enge Kybernetik in Zukunft ablösen. Sie ist nämlich nicht nur zur Beschreibung von Regelvorgängen geeignet wie die Kybernetik, sondern auch für die Beschreibung von informationsverarbeitenden Systemen. Sie umfaßt sowohl Probleme der Regelungstechnik als auch Probleme der Informationsverarbeitung, verbunden mit einer weitreichenden Anwendungsmöglichkeit auf technische, biologische und vielleicht auch ökonomische Probleme.

Wir erkennen am Systembegriff auch den Unterschied der Aufgabenstellung des Mathematikers und des Ingenieurs. Dies soll Abb. 3 veranschaulichen.

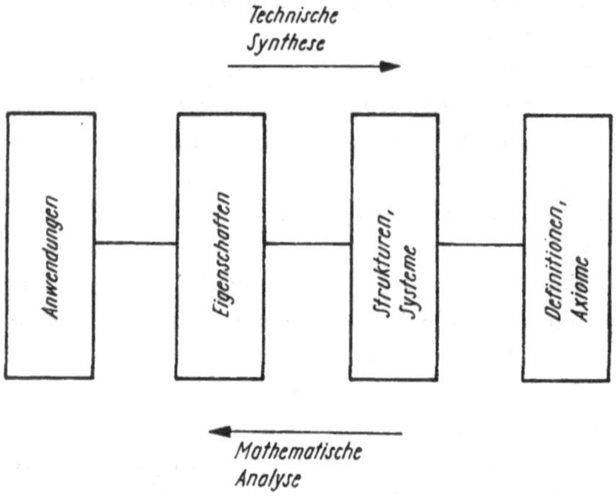

Abb. 3 Unterschiede der Arbeitsrichtungen eines Ingenieurs und eines Mathematikers

Der Mathematiker wird bestrebt sein, die Theorie auf Definitionen und Axiomen aufzubauen. Durch streng logische Schlußfolgerungen wird daraus eine sogenannte Struktur abgeleitet. Aus dieser Struktur werden durch eine Analyse die zugehörigen Eigenschaften ermittelt. Diese mathematische Struktur steht dann für Anwendungen bereit. Für eine Anwendung bedarf es eines Kooperationspartners, des Ingenieurs und einer engen kollektiven Zusammenarbeit!

Die Arbeit des Ingenieurs verläuft in umgekehrter Richtung! Er geht von den Anwendungen, d. h. von den gesellschaftlichen Bedürfnissen aus. Hieraus ergeben sich die Eigenschaften des technischen Systems, das entwickelt werden soll.

Während bei einer Systemanalyse die Eigenschaften einer vorgegebenen Struktur zu bestimmen sind, muß der Ingenieur bei der Systemsynthese für die vorgegebenen Eigenschaften des Systems die zugehörige Struktur auffinden. Dies wiederholt sich bei jeder technischen Konstruktion. Der Ingenieur beschäftigt sich kaum mit der Axiomatik. Dies bedarf der Zusammenarbeit mit dem Mathematiker und bleibt diesem meist überlassen. Dies hat noch tiefere Gründe:

Das Ziel der Zusammenarbeit des Ingenieurs mit dem Mathematiker besteht aber hauptsächlich darin, ein gutes mathematisches Instrument in die Hand zu bekommen.

Budach sagte in seinem Plenarvortrag auf der Arbeitskonferenz [1]: „Mathematische Methoden helfen, in unterschiedlichen Wissenschaften verwandte Strukturen zu erkennen. So wirkt die Mathematik als integrierende Wissenschaft, eine Funktion, die sie in einer Zeit fortschreitender Spezialisierung der Wissenschaft für jede Disziplin unentbehrlich macht."

Sowohl der Physiker wie der Ingenieur haben dagegen ein geringeres Interesse an kristallklaren Axiomen. Budach wies auf ein Wort von Albert Einstein hin:

„Soweit die Mathematik exakt ist, beschreibt sie nicht die Wirklichkeit, und soweit sie die Wirklichkeit beschreibt, ist sie nicht exakt!"

Er wies auch auf eine Bemerkung des amerikanischen Physikers J. Schwarz hin (über den „Schädlichen Einfluß der Mathematik auf die Wissenschaft"):

„Der Physiker scheut zu Recht präzise Argumente, da ein Argument, das nur durch seine Präzision überzeugend ist, all seine Kraft verliert, wenn die zugrundeliegenden Annahmen ein wenig geändert werden, wohingegen ein zwar unpräzises, aber überzeugendes Argument sehr wohl bei kleinen Störungen der zugrundeliegenden Axiome gültig bleiben kann."

Diesen Widerspruch klärte H. Budach in seinem Hauptreferat auf der Arbeitskonferenz: Er sagte:

„Die erste Beschreibung der Wirklichkeit erfolgt häufig mit noch unzureichenden Mitteln und man nähert sich auf diese Weise schrittweise der Wahrheit." Ferner stellt er fest: „Die Forderung, bei der Modellierung der Wirklichkeit stets das Ziel anzustreben, zu einer mathematisch streng aufgebauten Beschreibung zu kommen, sollte jedoch auf keinen Fall abgeschwächt werden."

Zusammenfassend ist festzustellen, daß nicht die Axiomatik den Schwerpunkt der Zusammenarbeit bildet, sondern die Lösung der technischen Systemsynthese mit mathematischen Mitteln. Hierbei profitiert auch die Mathematik.

Dies gilt besonders für die Systemsynthese, der Hauptaufgabe der Ingenieurwissenschaft! Sie spielt eine wichtige Rolle bei der Realisierung eines technischen Systems nach den Gesichtspunkten der Systemtheorie („Systemtechnik").

Der Unterschied zwischen der Systemanalyse und der Systemsynthese ist folgender:

	System-Struktur	Systemeigenschaften
Systemanalyse:	vorgegeben	gesucht
Systemsynthese:	gesucht	vorgegeben

Die Synthese eines Systems ist erheblich schwieriger als die Analyse und führt mathematisch zu Umkehrproblemen.

Bei der Systemsynthese muß das System bei vorgegebenem Eingangs- und Ausgangs-Signal bestimmt werden. Mathematisch bedeutet dies das Auffinden eines Differentialgleichungs-Systems, wenn der Zeitverlauf des Vorganges selbst und der Zeitverlauf der Einwirkung gegeben ist.

Bei den linearen Systemen benutzt man hierzu in der Elektro-Technik die Laplacetransformation, die das Problem algebraisiert. Die Laplacetransformation dient also keineswegs nur zur Lösung linearer Differentialgleichungen. Dazu wäre sie ein zu schweres mathematisches Geschütz. Ihr Nutzen liegt in der Lösung des Umkehrproblems, der Systemsynthese.

Bei den linearen Systemen mit konzentrierten Parametern (= Bauelementen) charakterisiert man die Systemeigenschaften durch die Lage der Pole und Nullstellen der komplexen Übertragungsfunktion und ermittelt daraus die Struktur. Die Struktur ist bei den elektrischen Netzwerken gleichbedeutend mit der Schaltung.

Dies ist inzwischen eine hoch entwickelte mathematische Spezialdisziplin geworden; für die Filterberechnung liegen Filterkataloge für die Computerentwürfe vor.

Eine derartige Systemsynthese besteht aus zwei Schritten:

(1) aus der Approximation durch ein mathematisches Modell

und (2) aus der Realisierung der Struktur oder Schaltung, die dem mathematischen Modell entspricht.

In der Informationstechnik gibt es neben der Systemsynthese auch noch die Signalsynthese, z. B. für das Auffinden optimaler Ortungssignale und für die Erhöhung der Störfestigkeit der Datenübertragung (Abb. 4).

Hierbei ist auf einen wesentlichen Unterschied zwischen den Naturwissenschaften und der Technik aufmerksam zu machen.

Bei den Naturwissenschaften liegt das Objekt gegeben vor, in der Technik wird es erst geschaffen. Man kann daher in der Informationstechnik beispielsweise Systeme erfinden, die einer vorgegebenen mathematischen Struktur entsprechen, z. B. einer Gruppe. In der Naturwissenschaft kann man die Gruppentheorie dagegen nur dann anwenden, wenn die Gruppenstruktur schon vorliegt, z. B. in Kristallen oder im Atom. Daher sind die Anwendungsmöglichkeiten mathematischer Strukturen in der Technik bzw. in der angewandten Physik bei der Schaffung neuer Systeme erheblich größer als in der reinen Physik bzw. in der naturwissenschaftlichen Grundlagenforschung.

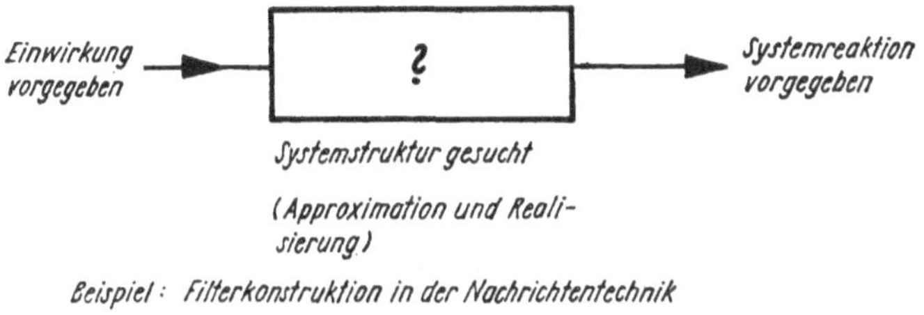

Abb. 4 Das Umkehrproblem der Systemtechnik: Systemsynthese

Man erkennt, daß eine gute Kooperation zwischen der Mathematik und der Theorie der Ingenieurwissenschaft möglich ist. Denn der Mathematiker und der Ingenieur begegnen sich beim Systembegriff. Der Mathematiker faßt das System als Operator oder als Abbildung eines Eingangssignalraumes auf. Das entspricht weitgehend der ingenieurmäßigen Auffassung der Systemfunktion.

Aber vergessen wir eine Schwierigkeit nicht, die ich als das *Auswahlproblem* bezeichnen möchte (Abb. 5). Der Mathematiker steht vor einer Fülle von technischen Disziplinen, auf die sein spezielles Kalkül anwendbar sein könnte. Welche Disziplin dies ist, kann er von seiner Warte aus kaum beantworten. Hier ist die Kooperation mit dem Ingenieur notwendig. Vor der gleichen Situation steht der Ingenieur. Er steht vor einer Fülle von mathematischen Disziplinen und mathematischen Hilfsmitteln und muß nun das günstigste mathematische Werkzeug für die Systemanalyse und für die Systemsynthese auswählen. Auch das kann er kaum beantworten, wenn es sich um Neuland handelt!

Hier ist die Kooperation mit der Mathematik notwendig! Somit braucht man bei großen Projekten unbedingt gemischte Kollektive von Ingenieuren und Mathematikern, die langfristig miteinander arbeiten. Ein gutes Beispiel bietet dafür die Raumfahrt, die uns Informationen von anderen Planeten geliefert hat, dank einer engen Zusammenarbeit sehr vieler Spezialisten.

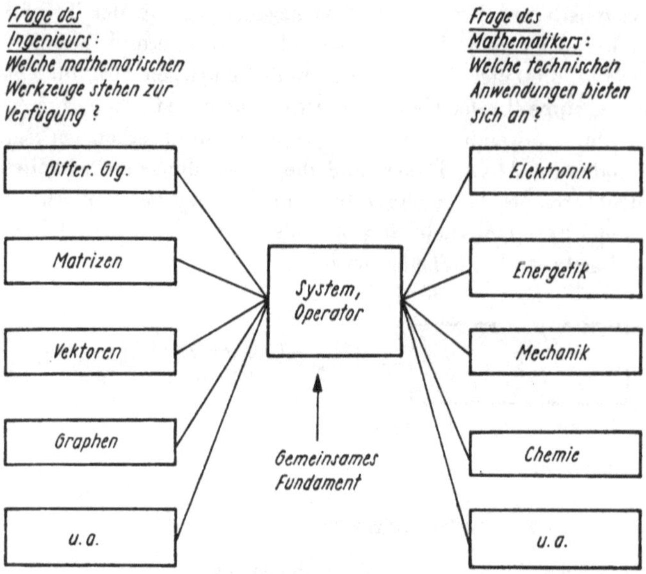

Abb. 5 Das Auswahl-Problem

4.2. Zur Leistungsfähigkeit abstrakter Modelle

Bei der Anwendung der Systemtheorie und ihren Modellen ist jedoch Vorsicht geboten! Gewiß, die Systemtheorie hat mit dem bekannten black-box-Modell eines gesteuerten Systems mit input-output-Relationen gute Erfolge erzielt, auf der Grundlage der Arbeiten von Küpfmüller, N. Wiener, Shannon, Kotelnikov, Zadeh u. a., auch auf Gebieten außerhalb des technischen Bereiches.

Die Regelungstechnik hat das black-box-Modell durch die Zustandsbeschreibung eines linearen Systems erheblich erweitert. Hier unterscheidet man eine Eingangs-Zustands-Relation. Wenn man annimmt, daß jedes diskrete Eingangssignal den Zustand des Systems verändert, so hat man bereits den Übergang zur Automatentheorie gefunden.

Aber man sollte vor der Überschätzung des Systembegriffes in der einfachen Form des black-box-Modells warnen. Wie OM Treder einmal in einer Diskussion formulierte, benötigt man eine erhebliche apriori-Information über das untersuchte System, ehe man das Modell benutzen kann. Die weit ausgebaute mathematische Systemtheorie behandelt vorwiegend nur die linearen Systeme. In der Technik benötigt man aber auch nichtlineare Systeme, z. B. in der Regelungstechnik die „bang-bang-Systeme“ mit Plus-Minus-Steuerung. Sie sind sogar wirkungsvoller bei Zeitdaueroptimierung.

Das lineare System stammt aus der Informationsübertragungs-Technik (Küpfmüller!), genau so wie die Shannonsche Informationstheorie.

Die oft diskutierte Grenze der Anwendung dieser Theorien rührt daher, daß sie nicht für jeden Zweck der Informationsverarbeitung erfunden sind, für eine heute in starker Entwicklung befindliche Disziplin. Man soll die Leistungsfähigkeit abstrakter Modelle nicht überschätzen, insbesondere soll man nicht von ihnen verlangen, daß sie optimal sind für Anwendungen anderer Art, z. B. für die Informationsverarbeitung in der Meßtechnik.

Die mathematisch weit ausgebaute lineare Systemtheorie reicht für einfache Aufgaben der Informationsverarbeitung bereits nicht aus. Hier werden die doppelt oder mehrfach ausgesteuerten Verbundsysteme als Modelle benötigt, bei denen eine Wechselwirkung der Eingangs-Signale, z. B. in Form einer multiplikativen Verknüpfung eintritt (Abb. 6). Es gilt für sie also nicht das Super-

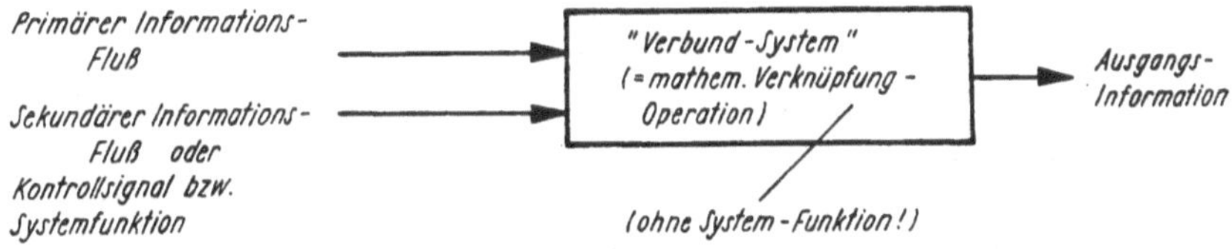

Abb. 6 Schema eines Verbundsystems zur Informationsverarbeitung

positionsgesetz. Die Eingangssignale wirken bei den Verbundsystemen nicht unabhängig voneinander auf das System. Dazu gehören die logischen Bauelemente, die Korrelatoren, die Kodiersysteme für die störfeste Datenübertragung u. a., in der klassischen Nachrichtentechnik die Frequenzumsetzer und Modulatoren. Die Mathematik hat hier ein reiches Angebot an algebraischen Strukturen für Verbundsysteme zu machen, das auch ausgenutzt worden ist. Ich möchte es mit diesem Hinweis genug sein lassen. Die verallgemeinerte Systemtheorie hat eine große Bedeutung für verschiedenartige Fachdisziplinen gewonnen, ein gutes Beispiel für die Kooperation von Mathematik und Ingenieurwissenschaft.

5. Schlußfolgerungen für die Kooperation

Sie finden in den Thesen der Arbeitskonferenz bereits zahlreiche Wünsche und Forderungen. Wenn man diese logisch ordnet, hat man zu unterscheiden:

die Wechselwirkungen zwischen der Mathematik und der Technik einerseits (5.1.) und die Wechselwirkungen zwischen beiden Partnern und Nachbargebieten (5.2.). Zunächst zu den Schlußfolgerungen für die

5.1. *Wechselbeziehungen zwischen der Mathematik und der Technik*

Beide Kooperationspartner müssen klar ihre Aufgaben erkennen. Die *Rolle der Mathematik* bei der technischen Entwicklung besteht in der

(1) Aufstellung von Kenngrößen und Kennfunktionen für die Systemeigenschaften. Dies ist die Systemanalyse.

Hierbei muß man das statische Systemverhalten und das dynamische Systemverhalten unterscheiden. Dies ist auch für die Meßtechnik wichtig. Man legt heute auf den Ausbau der Meßdynamik großen Wert. Dazu kommt als 2. Aufgabe mathematischen Charakters: die

(2) Aufstellung von Algorithmen für die optimale Realisierung des technischen Systems. Dies ist die Systemsynthese.

Hierbei sind zwei Schritte zu unterscheiden:

a) die Approximation durch ein mathematisches Modell und b) die Realisierung der Schaltung im Falle eines elektronischen Systems, sonst allgemein die Realisierung der Struktur des Systems, d. h. der konstruktive Entwurf. Die Modellierung ist also nicht die einzige Aufgabe, wie oft angenommen wird.

Beim Systementwurf muß man viele Varianten durchrechnen, und dies ist ein großer Vorteil der EDV, für alle technischen Gebiete!

Nicht unterschätzt werden darf die *Rückwirkung* der Physik und der Technik *auf die Mathematik*. Trotz der eigenständigen Entwicklung der Mathematik hat es auch in diesem Jahrhundert hierfür zahlreiche Beispiele gegeben.

Wir haben zwei Tendenzen zu unterscheiden:

(1) Ausbau der Axiomatik:

Die mathematische Präzisierung von Kenngrößen physikalischer oder technischer Systeme wirkte sich besonders fruchtbar auf die Stochastik und auf die mathematische Spektraltheorie aus. Zu erwähnen ist hierzu der Entropiebegriff der Thermodynamik und der Informationstheorie, die Axiomatisierung des Wahrscheinlichkeitsbegriffes durch Kolmogoroff, die Spektraltheorie stochastischer Prozesse durch N. Wiener und Chintschin (mit den Begriffen der Verbundwahrscheinlichkeit, des Leistungsspektrums und der Korrelationsfunktion), ferner die Begründung der Diracfunktion durch die Distributionstheorie durch Schwartz zur Modellierung diskreter Werte im Zeitbereich (Stoß) oder im Bildbereich (Spektrallinie im kontinuierlichen Spektrum). Zu erwähnen ist die Operatorenrechnung, deren Ausbau der Elektrotechniker Heaviside anregte.

(2) Ausbau der Algorithmen:

Für die Praxis ist die mathematische Fundamentierung der heuristischen Methoden der Systemsynthese ebenso wichtig wie die der Kenngrößen. Hier sind die Optimierungsmethoden zu nennen, über die im Plenum OM Pietsch berichtete. Erstaunlich spät, nämlich in den 50er Jahren wurden die lineare und die dynamische Programmierung als mathematisch zuverlässiges Verfahren ausgearbeitet. So schlug Bellman sein Verfahren der dynamischen Programmierung erst 1957 vor, bei dem man die Optimierung eines Prozesses stufenweise vom Ende beginnend rückwärtsschreitend durchführt.

Große Aufmerksamkeit der Mathematiker erfuhr auch die Stabilitätsanalyse für lineare und nichtlineare Systeme in der Regelungstheorie.

Zusammenfassend ist festzustellen, daß Physik und Technik für die Mathematik durchaus nicht nur die nehmenden, sondern auch die gebenden Kooperationspartner sind (Abb. 1).

Eine gute Kooperation mit der Mathematik ist nur dann sichergestellt, wenn eine Reihe von Forderungen von der Mathematik erfüllt wird. Die mehrfach zitierte Arbeitskonferenz hat diese Forderungen aufgestellt.

Wir haben zu unterscheiden:

Forderungen an die Lehre der Mathematik und
Forderungen an die Forschung der Mathematik.

Forderungen an die Mathematik in der Lehre:

Hierzu gehört die Ausweitung der Lehrgebiete:

Die mathematische Ingenieurausbildung muß die modernen Anwendungen der Mathematik viel stärker berücksichtigen. So hat sich das Schwergewicht von der Analysis auf die Algebra und von der Theorie der kontinuierlichen Vorgänge auf die der diskontinuierlichen Vorgänge verlagert. Die Differential- und Integralrechnung und die Theorie der Differentialgleichungen stellen nicht mehr den Ingenieurbedarf an Mathematik wie vor fünfzig Jahren dar.

Heute wichtige mathematische Disziplinen für die Ingenieurwissenschaften sind die Funktionalanalysis, die moderne Algebra, das Matrizenkalkül, die Wahrscheinlichkeitstheorie und Statistik, die mathematische Logik und die diskrete Mathematik.

In den bisher geführten Diskussionen wurde auch von den Lehrstühlen der Mathematik gefordert, daß es keine Lehre ohne eine praxisnahe Forschung geben darf. Es darf keine Lehre ohne die Entwicklung praxisnaher Fähigkeiten geben. Die Beherrschung der Beweistechnik der reinen Mathematik ist für den Ingenieur und den angewandten Mathematiker nicht ausreichend. Die Angabe multivalenter Nutzungsmöglichkeiten eines mathematischen Kalküls ohne Angabe praktischer Beispiele ist unbefriedigend.

Interessante Anwendungen fördern emotionell das Interesse an der Mathematik. Es erwacht im Studenten, wenn man ihm zeigt, was er mit Hilfe der Mathematik leisten kann. Erfreulicherweise haben die Mathematiker der DDR durch die Herausgabe der Lehrbuchreihe „Mathematik für Ingenieure, Naturwissenschaften, Ökonomen und Landtechnik“ und durch die Herausgabe von mathematischen Studienbüchern eine Lücke in unserem Schrifttum geschlossen.

Forderungen an die Forschung der Mathematik:

Die Arbeitskonferenz über die Praxiswirksamkeit der Mathematik hat viele Empfehlungen für die mathematische Forschung vorgelegt. So wurde gefordert, die technischen Probleme, die mathematisch aufgeschlossen werden sollen, früher zu erkennen, um den Vorlauf in der Grundlagenforschung auch voll zu nutzen.

Hierbei sind meiner Meinung nach zu unterscheiden:

Die systematische Durchdringung ausgewählter Gebiete mit mathematischen Methoden

a) für an sich bekannte Verfahren, z. B. für die Optimierung von Produktionszweigen bei an sich bekannter, aber bisher nicht genutzter Anwendung

b) Vorstoß auf neue Anwendungsgebiete der mathematischen Methoden, z. B. in Form der automatischen Informationsverarbeitung und schließlich

c) die Erfindung neuer mathematischer Methoden für Probleme der Praxis. Hier kann als Beispiel die Digitalgraphik genannt werden. Man muß kritisch bewerten, ob es sich wirklich nicht nur um innermathematische Probleme handelt, wie es beim Einsatz der Funktionalanalysis in der Regelungstheorie teilweise der Fall ist (vgl. oben Letov). Angesprochen sind hier die Vertreter der 2. Gruppe, die Theoretiker der Ingenieurwissenschaften.

Viele Hinweise der Arbeitskonferenz betreffen die Beziehungen der Mathematiker und Ingenieure zu den Nachbardisziplinen. Dies sind u. a. folgende Hinweise (vgl. Anlage 1):

a) Einbeziehung des Praxispartners nicht vergessen!
b) Verantwortung für die Themen-Auswahl erhöhen!
c) Einbeziehung von Querschnittsfragen!
d) Haltung der Nichtzuständigkeit überwinden!
e) Neue Einstellung zur angewandten Forschung gewinnen!
f) Volkswirtschaftlich bedeutsame Ergebnisse sind ebenso wichtig wie die für die disziplinäre Forschung.

Diese Forderungen beziehen sich auf die Zusammenarbeit mit den Partnern der Praxis, mit den Betriebswirtschaftlern und den Auftraggebern.

Zusammenfassend wird gefordert:

Die Verantwortung der Wissenschaft für die Produktion gilt auch für die Mathematik selbst!

Bei dieser hautnahen Zusammenarbeit der Kooperationspartner müssen die vielseitigen Randbedingungen der Praxis beachtet werden. So stehen die ökonomischen Fragen stets weit im Vordergrund, der Zeit-, Kosten-, Material- und Arbeitsaufwand muß optimiert werden. Technische Lösungen sind trotz bester mathematischer Grundlagen entscheidend von diesen Randbedingungen abhängig.

Der Einsatz der Mathematik dient der Gewinnung einer optimalen Lösung. Diese ist von der Optimierungs-Strategie abhängig. Welcher Optimierungsparameter steht an erster Stelle? Wie ist die Rangreihenfolge der Optimierungs-Parameter? In dieser Entscheidung liegt eine fast größere Schwierigkeit und Verantwortung als in der Wahl des mathematischen Verfahrens zur Optimierung. Diese Frage geht jedoch weit über rein mathematische Gesichtspunkte hinaus.

Literatur

[1] Thesen der Arbeitskonferenz „Mathematik und ihre Wirksamkeit in der sozialistischen Praxis", Berlin, 28.—30. November 1974, Mitteilungen der mathematischen Gesellschaft der DDR Heft 2/1975.

[2] Letov, A.: „Wohin geht die Theorie, wo bleibt die Praxis?" Regelungstechnik Bd. 12 (1964), Heft 9, S. 385—388.

[3] Schröter, K.: „Mathematik im System der Wissenschaften", Sitzungsberichte der AdW der DDR 11/1973.

[4] Schröter, K.: „Paradigmatische Mathematische Probleme", Spektrum 7/8 — 1975, S. 41—44.

[5] Peschel, M.: „Entwicklungsprobleme der Mathematik in der DDR", Spektrum 4 — 1975, S. 5—9.

[6] Lange, F. H.: „Stand und Entwicklungstendenzen der mathematischen Modellierung von Informationsprozessen", Nachrichtentechnik — Elektronik 25 (1975), H. 9, S. 322—324.

[7] Lange, F. H.: „Algebraische Strukturen in der Signaltheorie", Sitzungsberichte der AdW der DDR, 1976.

[8] Klaus, G.: „Wörterbuch der Kybernetik", 1968.

Anlage 1

Thesen der Arbeitskonferenz: Zur Kooperation der Mathematik mit technischen und anderen Wissenschaften (Kurzfassung) vom 28.—30. 11. 1974 in Berlin.

1. Systematische Durchdringung wichtiger Zweige der Volkswirtschaft, der Technik und anderen Wissenschaften mit mathematischen Methoden
   unter Durchsetzung bekannter und bewährter Verfahren,
      Erschließung neuer Anwendungen,
      ständiger Bearbeitung ausgewählter Beispiele,
      theoretische Verallgemeinerung der gesammelten Erfahrungen
   bei unmittelbarem Kontakt mit dem Praxispartner.
2. Erhöhung der Praxiswirksamkeit durch disziplinäre mathematische Forschung
   unter Erweiterung der Anwendungsmöglichkeiten der Mathematik auf der Basis einer genügend breiten innermathematischen Forschung
   und durch theoretische Verallgemeinerung praktischer Probleme.
3. Verbesserung von Prognose, Planung und Verteidigung
   bei Einbeziehung der Praxispartner,
   Erhöhung der Verantwortung für die Themenwahl,
   Einbeziehung von Querschnittsfragen,
   Überwindung einer Haltung der Nichtzuständigkeit bei Überschreitung des mathematischen Spezialgebietes.
4. Erhöhung der Qualität der wissenschaftlichen Arbeit (international anerkannt!)
   bei neuer Einstellung zur angewandten Forschung
   bei gleicher Anerkennung von volkswirtschaftlich bedeutsamen Ergebnissen wie für ein für die Entwicklung der Mathematik bedeutsames Ergebnis.
5. Veränderung des bisherigen Verhältnisses von angewandter Forschung und Grundlagenforschung zugunsten der angewandten Forschung, bei Stärkung des Zusammenhanges zwischen beiden Richtungen.
6. Erhöhung der Praxiswirksamkeit der Mathematik durch Weiterbildung, Konsultationen, Tagungen und Seminaren.
7. Zusammenarbeit der Mathematiker im Rahmen der mathematischen Gesellschaft der DDR in Form von Sektionen zur mathematischen Durchdringung bestimmter Gebiete.
8. Praxisorientierte Ausbildung ist nur durch eine praxisorientierte Forschung

zu erreichen unter Ausnutzung der mit der Praxis gesammelten Erfahrungen!

9. Die Rechenzentren der Universitäten und Hochschulen müssen eine größere Rolle als bisher spielen durch Erhöhung des Anteils an wissenschaftlich tätigen Mitarbeitern in den Rechenzentren.
10. Realisierung der „Prasisobjekte“ an den Universitäten der DDR und dem ZIMM
11. Entwicklung der Numerischen Mathematik und der Stochastik (Durchführung vorliegender Beschlüsse) und Erweiterung für das Gebiet mathematische Grundlagen der automatisierten Informationsverarbeitung und der Mechanik.

FSC
www.fsc.org
MIX
Papier | Fördert
gute Waldnutzung
FSC® C083411

Kolibri 360 GmbH
Ferdinand-Jühlke-Straße 7
99095 Erfurt, Deutschland
produktsicherheit@kolibri360.de